油气储运企业高风险作业安全检查系列丛书

沟下作业安全检查

国家管网集团东部原油储运有限公司 组织编写

中国石化出版社

图书在版编目（CIP）数据

沟下作业安全检查 / 国家管网集团东部原油储运有限公司组织编写 .— 北京：中国石化出版社，2022.10
（油气储运企业高风险作业安全检查系列丛书）
ISBN 978-7-5114-6800-0

Ⅰ. ①沟… Ⅱ. ①国… Ⅲ. ①石油与天然气储运 – 作业 – 安全检查 – 技术培训 – 教材 Ⅳ . ① TE88

中国版本图书馆 CIP 数据核字（2022）第 155983 号

中国石化出版社出版发行

地址：北京市东城区安定门外大街 58 号

邮编：100011 电话：（010）57512500

发行部电话：（010）57512575

http：//www.sinopec-press.com

E-mail：press@sinopec.com

北京富泰印刷有限责任公司印刷

全国各地新华书店经销

*

787 × 1092 毫米 32 开本 1.25 印张 22 千字

2023 年 9 月第 1 版 2023 年 9 月第 1 次印刷

定价：18.00 元

《油气储运企业高风险作业安全检查系列丛书》

编委会

《沟下作业安全检查》

编审人员

主　编：王兢兢　徐　岩　崔志伟

审　核：陈德良　刘英剑

前言

沟下作业是指在深度超过 1.2m 的沟槽内进行管道组焊安装、清沟、沟下连头、无损检测、防腐补口等相关作业。沟下作业必须办理《沟下作业许可证》，一个施工点、一个施工周期应办理一张《沟下作业许可证》。

国家管网集团东部原油储运有限公司根据 GB 50369—2014《油气长输管道工程施工及验收规范》、GB 50202—2018《建筑地基基础工程施工质量验收标准》、GB 50253—2014《输油管道工程设计规范》及《国家管网集团作业许可安全管理细则》《东部原油储运有限公司沟下作业安全管理细则》等相关标准和企业制度及现场情况组织业内专家编写了本书。

本书适用于油气储运企业新建、改建、扩建、修理等工程的沟下作业，不适用于隧（巷）道内的管道施工作业。

目录

第一章 沟下作业前准备 // 01

第二章 沟下作业过程安全措施 // 12

第三章 典型事故案例 // 30

第一章 沟下作业前准备

（1）沟下作业前，项目管理单位要对作业单位进行交底，对作业沟槽开挖方法和深度、沟下作业内容、可能存在的风险以及作业环境进行交底。项目管理单位现场技术人员应向承包商技术人员进行安全技术交底，承包商技术人员应对有关安全施工的技术要求向施工作业班组、施工人员作出详细说明，并由双方签字确认。

（2）作业单位负责人应向作业人员进行作业程序和安全措施交底，可以通过专题会议或班前喊话的形式进行，并指派作业监护人。

（3）沟下作业前，项目管理单位会同作业单位针对作业内容，利用 JSA 理念和方法分析沟下作业是否存在高处坠落、坍塌、有毒有害气体、缺氧等危害因素，并分析、评估周围环境或相邻工作区域间的相互影响。

（4）进行沟下作业前应制定应急预案，并组织演练，作业人员应熟练掌握紧急状况时的逃生路线和救护方法。

（5）沟下作业涉及动火、临时用电、进入受限空间等作业时必须办理相应的安全作业票。安全作业票现场办理，现场保存。

（6）办理《沟下作业许可证》应附现场作业位置示意图（如施工平面布置图）、作业内容说明等。

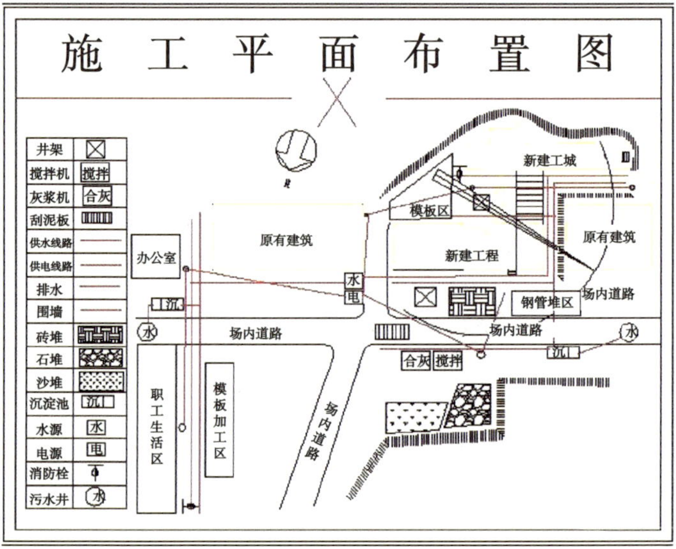

（7）承包商施工方案报监理、项目管理单位审核、审批，落实安全作业措施后方可执行。

（8）在深度超过 5m（含 5m）的沟槽内进行作业，对于专项施工方案，应当由施工单位组织召开专家论证会进行论证，总监理工程师、项目管理单位项目负责人或技术人员、勘察和设计单位项目技术负责人应当参加专家论证会。

（9）专家组成员应当由 5 名以上人员组成，本项目参建各方人员不得以专家身份参会。专家组应当提交该专项方案的论证报告，对论证内容提出明确的意见。论证后的专项方案，应当经施工单位技术负责人、总监理工程师、项目负责人签字后，方可组织实施。

（10）办理《沟下作业许可证》前，应查明沟下地质情况（如石方段、土方段、水田或地下水位较高地段等），有针对性地制定预防塌方措施。

（11）从事检测设备、吊装设备、焊接设备等操作人员需取得《特种作业操作证》，熟悉所操作设备的性能。项目管理单位对操作人员应进行技能验证，考核合格后方可作业。

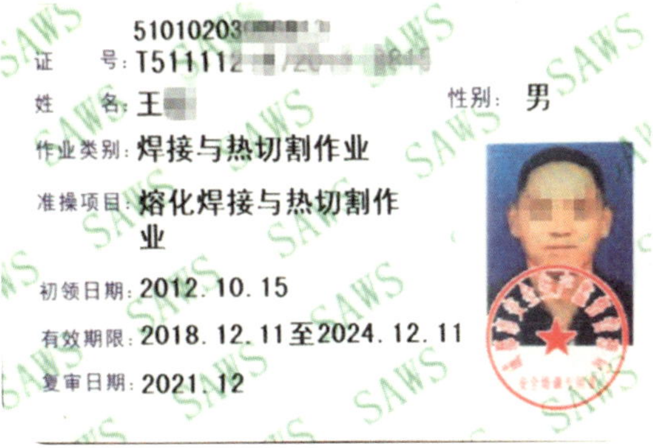
51010203[redacted]
证　　号：T511112[redacted]
姓　　名：王[redacted]　　性别：男
作业类别：焊接与热切割作业
准操项目：熔化焊接与热切割作业
初领日期：2012.10.15
有效期限：2018.12.11至2024.12.11
复审日期：2021.12

中华人民共和国
特种作业操作证
复审记录　第一次复审
第二次复审
国家安全生产监督管理总局监制

第二章 沟下作业过程安全措施

（1）进行沟下作业时，作业监护人必须实行全过程监护，作业监护人在作业期间，不得离开作业现场且不得做与监护工作无关的事。

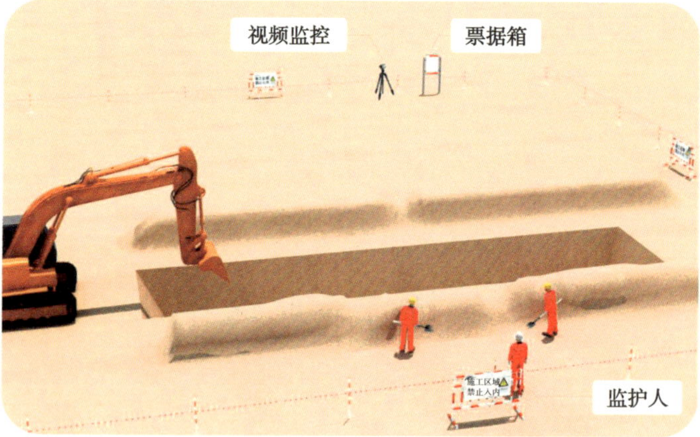

（2）作业沟槽开挖过程中地下水位较高时，应结合现场情况进行降水作业，防止透水坍塌。

基坑开挖时，流入坑内的地下水和地表水如不及时排除，会使施工条件恶化、造成土壁塌方，亦会降低地基的承载力。施工排水可分为明排水法和人工降低地下水位法两种。

（3）进行沟下作业前，必须彻底清理管沟两侧的危石、浮石等硬质杂物。

（4）土方段沟下作业，管沟边坡应采用阶梯放坡的方式预防塌方，临边加装护栏进行防护。

（5）管沟开挖放坡执行 GB 50253—2014《输油管道工程设计规范》要求。

当缺少土壤物理力学性质资料，且地质条件良好、土壤质地均匀、地下水位低于管沟底面标高且不加支撑时，沟深小于 5m 的管沟边坡最陡坡度不宜大于下表的规定；沟深大于或等于 5m 的管沟应分台阶开挖，台阶宽度不宜小于 2m。

沟深小于 5m 时的管沟边坡最陡坡度

土壤类别	边坡坡度（高：宽）		
	坡顶无荷载	坡顶有静荷载	坡顶有动荷载
中密的沙土	1∶1.00	1∶1.25	1∶1.50
中密的碎石类土（充填物为沙土）	1∶0.75	1∶1.00	1∶1.25
硬塑性的粉土	1∶0.67	1∶0.75	1∶1.00
中密的碎石类土（充填物为黏性土）	1∶0.50	1∶0.67	1∶0.75
硬塑性的粉质黏土	1∶0.33	1∶0.50	1∶0.67
老黄土	1∶0.10	1∶0.25	1∶0.33
软土（经井点降水后）	1∶1.00	—	—
硬质岩	1∶0	1∶0.1	1∶0.2

注：静荷载系指堆土或料堆等；动荷载系指有机械挖土、吊管机和推土机作业。

（6）在水田或地下水位较高的地段进行沟下作业时，应采用有效的预防塌方或地陷措施，必要时在管沟两侧打上钢板桩或木桩。

（7）在特殊地段，由于地理条件制约而无法达到放坡要求的，进行沟下作业时必须采取满足要求的安全防护技术措施，如采用增设沟壁支护、挡板、防护铁笼等。

（8）进行沟下作业时，应至少设置两处坡道、台阶等逃生通道，特殊情况下可设置梯子，严禁在沟内休息。

（9）进行沟下作业前，应对已开挖管沟边坡稳定性进行认真检查。管沟边堆土距离沟边至少 1.0m 以上，堆积高度不超过 1.5m。

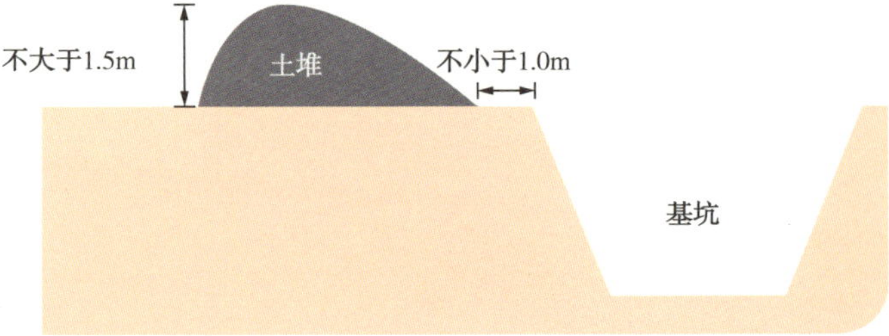

（10）在沟边停放施工机械，要距离管沟边最少 2m，施工机械行走时安全距离距沟边应大于 3m 且应缓慢通过。

（11）使用机械挖掘时，周边人员不应进入机械旋转半径内；两个以上作业人员同时挖土时应相距 2m 以上（含 2m），防止工具伤人。

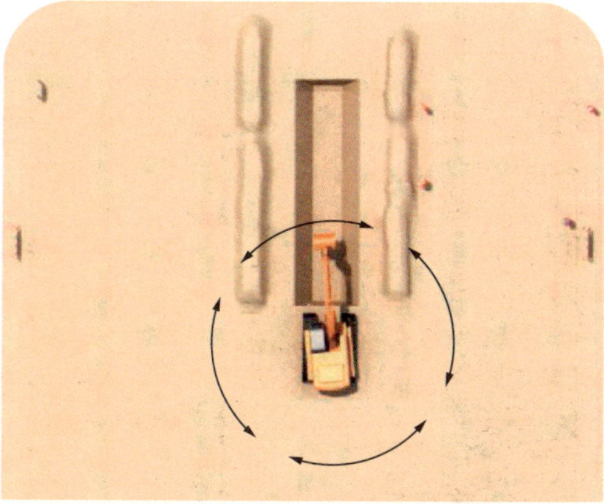

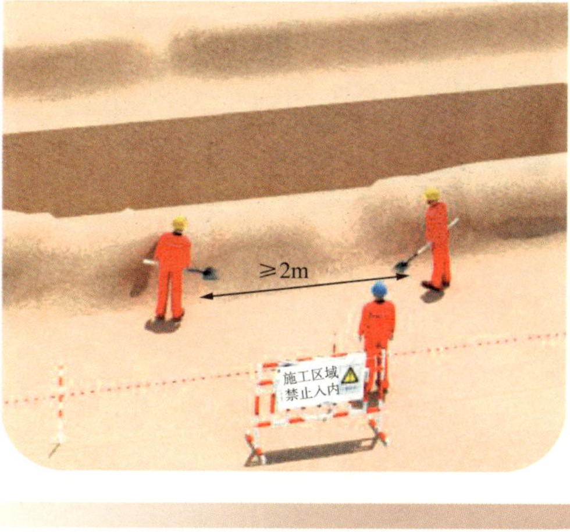

（12）作业沟槽、基坑应安装硬隔离进行人员防护，夜间要安装灯光进行警示，防止人员摔伤。

（13）在穿越道路、居民区等地段进行沟下作业时，应采取适当的安全措施，如设置警告牌、信号灯、警示物等，夜间还要设警示灯。

（14）对地下情况不明时严禁进行机械开挖，应先进行人工开挖探明情况后再进行机械开挖。

（15）进行沟下组对、焊接作业时，沟上吊管机等起重设备不得熄火，操作人员不得下车。

（16）沟下作业涉及吊装作业时，起吊物件下方严禁站人，起吊物件与沟壁间严禁站人，确认物件平稳后两侧方可站人。

（17）当作业沟槽内有可能存在油气及其他有害气体积聚、缺氧等情况时，作业人员应系挂安全带，同时对沟槽采取机械送风措施，防止作业人员发生中毒、缺氧、窒息等危害的情况。当存在爆炸火灾风险时，需选用防爆型送风机械。

（18）进行沟下作业时严禁通过抛、扔方式传递工具及施工材料，应采用人工搬运、吊装等方法进行物料的运输。

（19）作业过程中应对沟边坡或固定支撑随时检查，如发现边坡裂缝、松疏或支撑折断、走位等异常情况，应立即停止工作，及时撤离有关人员，并采取隔离措施，在危险没有消除前杜绝沟下作业。

第三章 典型事故案例

一、事故简介

2011 年 12 月 16 日 17 时 20 分左右，在某工程公司中卫至贵阳天然气输送管线甘肃天水段 BCB100 桩附近，作业人员在管沟内进行管线（管径为 1016mm，管线采用整体开挖形式铺设，事故点沟底宽 2m，深 10.5m，实际坡比为 1∶0.33）组对焊接过程中，管沟西侧突然滑坡，发生管沟塌方事故。土方瞬间将沟下进行焊接作业的董某等 3 人掩埋（经有关部门进行现场勘查，山体塌方量约 $160m^3$），本次事故造成现场作业人员 3 人死亡。

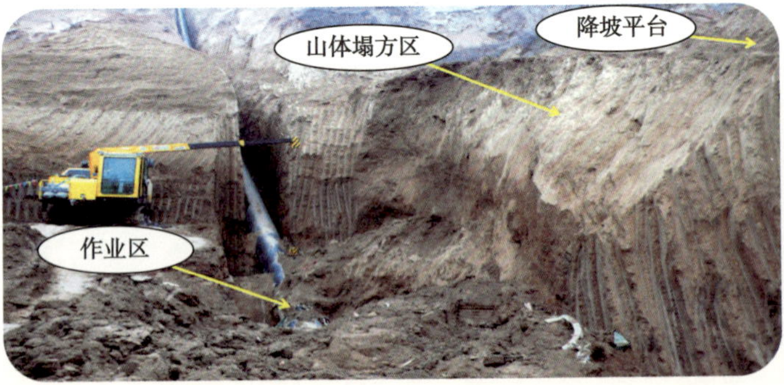

二、事故原因

直接原因：

（1）管沟西侧降坡平台及山体塌方，致人窒息死亡。

（2）管沟塌方的西侧放坡不够。施工方案中按硬塑的粉土坡比设计值为 1∶0.67，现场实测坡比仅达到 1∶0.33，坡比没有达到施工方案中的技术要求。

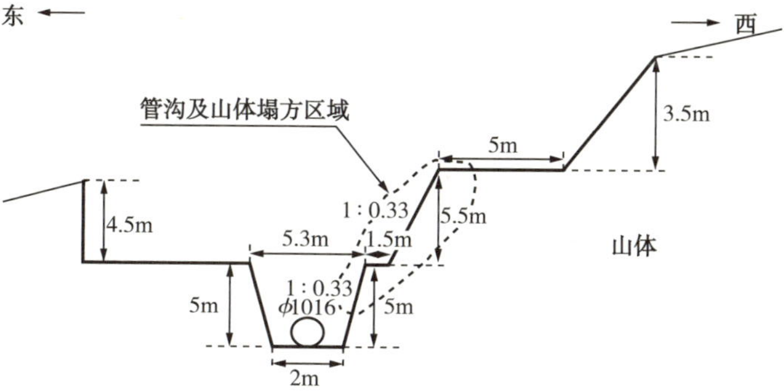

BCB100 桩（事发地点）施工现场断面示意图

间接原因：

（1）动态风险识别不够。BCB100桩（事发地点）地质土壤为湿陷性黄土，施工现场管沟深、土质松，又遇雨雪等情况，作业人员对风险识别不全面，尤其是对施工作业过程中的动态风险识别缺少有效的针对性措施。

（2）施工作业监督、监护不严。在放坡不够、安全防护措施不到位的情况下，没有及时制止作业人员下沟作业。

（3）现场技术方案未得到认真执行。设计文件和现场技术交底均明确要求管沟坡度为1∶0.67，在现场未得到认真执行，实际坡度仅为1∶0.33，现场人员也没有检测放坡是否符合要求，作业方案的制定与执行存在严重的“两张皮”现象。